CHROA-GENESIE

OU

GÉNÉRATION

DES COULEURS,

CONTRE LE SYSTÊME

DE NEWTON.

PRÉSENTÉE AU ROY.

Par GAUTIER, Pensionnaire de SA MA-
JESTÉ, Inventeur de l'Art de graver &
d'imprimer les Tableaux à quatre couleurs.

Dont la Dissertation a été lûe à l'Assemblée
de l'Académie des Sciences à Paris, le
Samedi 22. Novembre, & Mercredi
26 du même mois 1749.

M. DCC. XLIX.

DISSERTATION

SUR LES EFFETS

DE LA LUMIERE

ET SUR LA NATURE

DES COULEURS;

CONTRE NEWTON.

Messieurs,

De quelque façon que la Lumiere ré-
jaillisse à nos yeux, soit qu'elle se porte
vers les corps qui nous environnent, par
la *pression subite* que le Soleil ou tout autre corps lumineux fait sur *la matiere fine
& déliée*, selon Descartes; soit qu'elle

s'élance des corps lumineux jufqu'à nous en un certain efpace de tems *par émiffion & par des faifceaux de rayons*, felon Newton. Je puis définir également les effets de la Lumiere, qui ont rapport à la nature des couleurs,

Je ne parle point de la réflexion des rayons *par la force centrifuge des tourbillons Cartefiens*, ni de *la réflexion du vuide*, felon Newton, que je combattrai une autre fois ; il me fuffit de dire préfentement que les rayons fe réflechiffent de tous les corps oppofés à la lumiere en ligne droite par un angle égal à celui de l'incidence. Je laiffe *l'attraction des rayons*, en paffant de l'air dans d'autres corps tranfparens, que ce Philofophe prétend avoir découvert, & dont il avoue ne connoître pas la caufe quoiqu'il dife en connoître les effets, & que c'eft par l'attraction que fe fait la réflexion, la réfraction & l'inflexion de la Lumiere. Cette attraction de Newton eft ici inutile, & je puis démontrer mon nouveau fyftéme fans cette puiffance occulte. A l'égard de la *réfraction fimple des rayons*, je l'adopte telle qu'elle a été définie par tous les Philofophes.

Je me fervirai cependant du terme d'*inflexion* dans ma Differtation ; j'entends par ce mot les différentes couches des rayons fléchis ou inclinés les uns sur les autres, qui causent la transparence de l'ombre sur la lumiere, & de la lumiere sur l'ombre. C'est sur cette propriété que je fonde mon systéme, & je prouverai par mes expériences que la lumiere & l'ombre font toutes les couleurs par leur *inflexion* au lieu que leur *mélange* ne produit que le gris.

Je diviserai en deux parties ce Discours ; dans la premiere je ferai connoître la méprise de Newton sur la réfraction de la Lumiere colorée ; & dans la seconde & derniere partie j'exposerai mes expériences, & j'établirai mon nouveau systême sur la nature des couleurs.

PREMIERE PARTIE.

Sur la réfraction de la Lumiere colorée, & contre le systême des couleurs Newtoniennes.

Descartes dit que » *les globules de ces* » *élémens sont déterminés à tournoyer sur* » *eux-mêmes, outre leur tendance au mou-* » *vement en ligne droite, & que ce sont* » *ces différens tournoyemens qui font les* » *différentes couleurs.* »

Le Pere Mallebranche dit ensuite :

» *Il est vrai que Descartes s'est trompé ;* » *son tournoyement des globules n'est pas* » *foutenable ; mais ce ne sont pas des globu-* » *les de lumieres ; ce sont de petits tour-*

» billons tournoyans de matiere subtile ,
» capable de compression, qui font la cau-
» se des couleurs ; & les couleurs consistent
» comme les sons , dans des vibrations de
» pression. » Et il ajoute. » Il me paroît
» impossible de découvrir par aucun moyen
» les rapports exacts de ces vibrations, c'est-
» à-dire des couleurs. »

D'autres Philosophes sentant la foi-
blesse de ces suppositions , vous disent , avec aussi peu de vraisemblance :
» Les couleurs viennent du plus ou du
» moins de rayons réflechis des corps colo-
» rés. Le blanc est celui qui en réflechit
» davantage ; le noir est celui qui en réfle-
» chit le moins. Les couleurs les plus bril-
» lantes seront donc celles qui vous appor-
» teront plus de rayons. Le rouge, par exem-
» ple , qui fatigue un peu la vûe , doit être
» composé de plus de rayons que le verd
» qui la repose davantage. »

Newton croit avoir mieux trouvé que
tous ces Philosophes , & il dit : » Un sim-
» ple rayon est un faisceau de sept princi-
» paux faisceaux de rayons , dont chacun
» porte en soi une couleur primitive & pri-
» mordiale , qui lui est propre. Des mélan-
» ges des sept rayons naissent toutes les
» couleurs de la nature ; & les sept réunis
» ensemble , réflechis ensemble dessus un ob-
» jet , forment la blancheur. » Et il dit en-

fuite : » Ces sept rayons de Lumiere échap-
» pés du corps de ce rayon, qui s'est ana-
» tomisé au sortir du prisme, viennent se
» placer chacun dans leur ordre sur un pa-
» pier blanc. Le rayon qui a le moins de
» force pour suivre, le moins de roideur, le
» moins de matiere, s'écarte plus dans
» l'air de la perpendicule du prisme. Celui
» qui est le plus fort, le plus dense, le plus
» vigoureux, s'en écarte moins, &c. »
Newton appelle cette inégalité préten-
due dans les réfractions des rayons colorés, réfrangibilité.

» Le premier rayon, ajoute-t-il, qui
» s'écarte le moins de la perpendicule du pris-
» me, est couleur de feu; le second, oran-
» gé; le troisiéme, jaune; le quatriéme,
» verd; le cinquiéme, bleu; le sixiéme, in-
» digo; enfin celui qui s'écarte davantage
» de la perpendicule, qui s'éleve au-dessus
» des autres, est le violet. Un seul faisceau
» de Lumiere, qui auparavant faisoit la
» couleur blanche, est donc un composé de
» sept faisceaux qui ont chacun leur couleur.
« L'assemblage des sept rayons primordiaux
» fait donc le blanc.

Ses Disciples disent aussi : » Si vous en
» doutez encore, prenez un des verres lenti-
» culaires de lunette, qui rassemblent tous les
» rayons à leur foyer; exposez ce verre au
» trou par lequel entre la Lumiere, vous ne

» vevrez jamais à ce foyer qu'un rond de
» blancheur. Donc il est démontré que la cou-
» leur de tous les rayons reunis est la blan-
» cheur. Le noir par conséquent sera le corps
» qui ne réflechira point de rayons , ou la
» privation de toute couleur : car , lors-
» qu'à l'aide du prisme vous avez séparé un
» de ces rayons primitifs , exposez-le à un
» miroir , à un verre ardent, à un autre
» prisme , jamais il ne changera de couleur,
» jamais il ne se séparera en d'autres rayons;
» porter en soi cette couleur est son essence;
» rien ne peut plus l'alterer : & pour sur-
» abondance de preuve , prenez des fils de
» soye de différentes couleurs ; exposez un fil
» de soye bleue , par exemple , au rayon rou-
» ge , cette soye deviendra rouge ; mettez-
» là au rayon jaune, elle deviendra jaune ;
» ainsi du reste : enfin , ajoute-ils en-
» suite , ni réfraction , ni réflexion, ni au
» cun moyen imaginable ne peut changer
» ce rayon primitif; semblable à l'or que le
» creuset a éprouvé, & encore plus inalte-
» rable. »

Après avoir entendu l'ingénieux arrangement de ce système, faut-il s'étonner si
presque toute la terre a été Newtonnienne ? On a même crié contre Mariotte qui
avoit osé suivre les expériences de Newton , & en faire la recherche. Lui-même
étonné du terrible adversaire qu'il avoit

à combattre, a abandonné la partie, &
plusieurs autres depuis quatre ou cinq lus-
tres en ont fait de même. Quant à moi,
Messieurs, je suis-plus hardi, ou peut-
être plus téméraire, de vouloir attaquer
ce Philosophe ; mais la justesse & la clarté de mes observations soumises au juge-
ment d'une si illustre Assemblée, me
promettent un sort plus heureux que celui de l'Auteur que je viens de citer.

Je vais d'abord mettre au jour les plus
fortes expériences que Newton a exposées dans son *Optique sur la lumiere & sur
les couleurs*, par lesquelles il veut prouver la différente réfrangibilité de ses prétendus rayons colorés, j'en ferai voir les
fausses conséquences, & l'on sera forcé
de conclurre que son système n'est pas
soutenable.

Première Expérience Newtonnienne.

» *Je pris*, dit-il, *un morceau de papier
» noir oblong & très-fort, terminé par des
» côtés paralleles ; je le divisai en deux par-
» ties égales, que je peignis en rouge & en
» bleu, avec les couleurs les plus foncées &
» les plus épaisses, afin que le phénomene fut
» plus sensible. Je regardai à travers un
» prisme, que je tenois avec le papier devant*

» une fenêtre ; le bas de la fenêtre étoit cou-
» vert d'un drap noir, afin que de-là il ne
» réflechit aucune Lumiere qui, en paſſant
» par les bords du papier à l'œil, pût ſe mê-
» ler avec la Lumiere du papier ; de ſorte
» que ſi l'angle refringent du priſme eſt
» tourné en haut & le papier paroiſſe élevé,
» la moitié bleue ſera élevée plus haut par la
» réfraction que ſa moitié rouge ; mais ſi
» l'angle refringent du priſme eſt tourné en
» bas, de ſorte que le papier paroiſſe tranſ-
» porté plus bas par la réfraction, la moitié
» bleue ſera par-là entraînée un peu plus bas
» que la moitié rouge : ainſi dans les deux
» cas, la lumiere qui vient à l'œil de la moi-
» tié bleue du papier à travers le priſme,
» ſouffre en pareille circonſtance, une plus
» grande réfraction que la lumiere qui vient
» de la moitié rouge, & parconſéquent eſt
» plus réfrangible.

SECONDE EXPERIENCE.

» Au tour du papier décrit ci-deſſus,
» dont les deux moitiés étoient peintes de
» rouge & de bleu, je roulai, dit-il, plu-
» ſieurs fois un fil délié de ſoye extrême-
» ment noire ; enſorte que les différentes
» parties de ce fil puſſent paroître ſur les
» couleurs comme autant de lignes tirées
» deſſus ce papier ainſi coloré, & envelop-

» pé de fil noir ; je l'appliquai contre un
» mur perpendiculaire à l'horison ; de forte
» qu'une des couleurs fut à ma main droite,
» & l'autre à ma main gauche. Tout près
» devant le papier, dans les confins des
» couleurs vers le bas, je plaçai une chan-
» delle, pour bien éclairer le papier : car,
» dit Newton, cette expérience fut faite
» de nuit ; j'approchai la flamme de la chan-
» delle jufqu'au bord inférieur du papier.
» J'oppofai une lentille de verre à ces cou-
» leurs ; elles fe répétoient fur un papier blanc
» qui étoit vis-à-vis ; j'approchois quelquefois
» mon papier coloré de la lentille, & quelque-
» fois je l'en éloignois, afin de trouver les
» endroits où les images des parties bleues
» & rouge du papier coloré paroîtroient le
» plus diftinctement, &c. Je trouvai, dit le
» Philofophe Anglois, que là où la moitié
» rouge du papier paroiffoit diftinctement,
» la moitié bleue paroiffoit fi confufe, qu'on
» y pouvoit à peine voir les lignes noires tirées
» deffus cette moitié bleue ; & qu'il arrivoit
» tout le contraire lorfque le papier peint
» étoit plus approché de la lentille, c'eft-à-
» dire, plus près d'un pouce & demi, d'où il
» conclut que le bleu eft plus refrangible que le
» rouge. »

Méprise de Newton dans ces deux Expériences.

Dans la premiere, j'ai apperçu que lorsque je voyois le papier moitié bleu & moitié rouge par la face inférieure du prisme, & que ce papier reposoit sur le clair de la fenêtre, il s'y ajoutoit une bande bleue de réfraction sur l'extrémité supérieure du papier, & une bande rouge sur l'extrémité inférieure, comme il arrive ordinairement dans les oppositions des surfaces, & comme je vais démontrer ci-après dans mes Expériences *Anti-Newtonniennes*; ce qui faisoit paroître le papier bleu plus élevé que le papier rouge, & lorsque je regardois par la face superieure, c'est-à dire, que l'angle refringent étoit tourné en haut, il arrivoit le contraire : voilà un quiproquo assez considérable qu'a fait Newton, faute de connoître les effets du clair-obscur, & les réfractions opposées du prisme que l'on verra ci-après : ainsi son expérience ne prouve pas que les couleurs étoient plus ou moins refrangibles ; mais je prouve au contraire par sa seconde expérience, que c'est le clair-obscur qui est plus ou moins réfrangible. Voici la méprise qu'il a faite dans sa seconde expérience.

Ayant mis des fils noirs fur un papier moitié bleu & moitié rouge, lefquelles couleurs étoient très-oppofées, c'eft-à-dire, que le bleu étoit très-foncé, comme Newton a fait dans fon expérience, & le rouge bien rouge & vif, il eft arrivé le phénomene que cite ce Philofophe: mais ayant pris un autre papier dont le rouge étoit foncé & obfcur, & le bleu clair, de forte qu'ils étoient à l'uniffon de teintes, il eft arrivé tout le contraire, c'eft-à-dire, que les deux couleurs ont fait leur effet enfemble, & à la même diftance; on a pour lors bien diftingué les couleurs & les fils au travers de la lentille fur la muraille, ayant pofé une chandelle au bas du papier qui étoit pofé perpendiculairement à l'horifon, & lorfque j'écartois le papier, & que les couleurs fe confondoient avec les fils de foye, elles fe confondoient également. Donc ce ne font pas les rayons colorés, qui font dans les faifceaux de lumiere qui fe réfractent différemment, mais ce font les oppofitions des objets plus ou moins clairs.

Enfin Newton étoit fi peu certain de fes expériences, qu'il dit lui-même.

» Au refte il ne s'enfuit pas des expérien-
» ces que l'on vient de voir, que toute la lu-
» miere du bleu foit plus réfrangible que tou-

» te la lumière du rouge ; car ces deux lu-
» mieres font mêlées de rayons différemment
» réfrangibles , de forte que dans le rouge il
» fe trouve quelques rayons qui ne font pas
» moins refrangibles que ceux du bleu ; &
» quelques-uns dans le bleu , qui ne font pas
» moins réfrangibles que ceux du rouge. Mais
» à proportion de toute la lumiere, ces rayons-
» là font en fort petit nombre ; & s'ils con-
» tribuent à rendre l'expérience moins fenfi-
» ble , ils ne font pas capables de la détrui-
» re : car fi le rouge & le bleu étoient moins
» chargés & plus foibles , les images feroient
» à moins d'un pouce & demi de diflance
» l'une de l'autre ; & fi ces mêmes couleurs
» étoient plus vives & plus foncées , cette di-
» flance feroit plus grande. »

Je fuis furpris qu'après avoir avoué fon
incertitude fur ces expériences , il ait
ofé foutenir la conflante réfrangibilité
des prétendus rayons colorés par une
fuite d'autres expériences auffi fautives
que celles que je viens d'expofer.

TROISIEME EXPERIENCE NEWTONNIENNE.

» Dans une chambre fort obfcure ayant
» fait dans le volet d'une de fes fenêtres un
» trou rond d'environ un tiers de pouce de lar-
» geur, j'appliquai à ce trou un prifme de

» verre , par lequel les rayons du Soleil qui
» donnoient dans ce trou puſſent être jettés en
» haut par la réfraction vers le mur oppoſé de
» la chambre , & y tracer un image colorée
» du Soleil. &c. J'obſervai la figure & les di-
» menſions de l'image ſolaire que cette Lu-
» miere traçoit ſur le papier. Cette image
» quoi qu'oblongue n'étoit pas ovale , mais ter-
» minée par deux côtes rectilignes paralle-
» les , & par deux bouts ſemi-circulaires, &c.
Après quoi Newton combine & meſure
ſur cette image le diametre apparent du
Soleil ; ce qui n'a aucun rapport à ce
qu'il veut démontrer , & il dit enſuite
que » l'angle refringent du priſme qui pro-
» duiſoit toute cette longueur , étoit de 64
» dégrés , & lorſque cet angle étoit plus pe-
» tit , la longueur de l'image étoit auſſi plus
» petite , la largeur reſtant toujours la même.
Enfin après avoir pris beaucoup de précautions inutiles , il dit : » Outre ces me-
» ſures d'environ $\frac{1}{4}$ ou $\frac{1}{3}$ de pouce des deux
» bouts de l'image ; la lumiere des nuées pa-
» roiſſoit un peu teinte de rouge & de violet ,
» mais la couleur étoit ſi foible , que je ſoup-
» çonnai que cette teinture venoit totalement
» ou en grande partie de quelque rayons de l'i-
» mage diſperſés irrégulierement par quelques
» inégalités qui ſe trouvoit dans la ſubſtance
» & ſur le poli du verre. C'eſt pourquoi je ne
» l'ai pas ajoutée aux meſures dont je viens de

» *parler , &c. Et puifqu'on trouve par expé-*
» *rience que l'image, au lieu d'être ronde eft*
» *oblongue, donc les rayons qui par la plus*
» *grande réfraction, font renvoyés au plus*
» *haut bout de l'image doivent être plus ré-*
» *frangible, que ceux qui font renvoyés au*
» *plus bas bout, à moins que l'inégalité de*
» *réfraction ne foit accidentelle.*

— » *Cette image étoit colorée, de rouge à*
» *l'extrémité inférieure la moins rompue, de*
» *violet à l'autre extrémité supérieure la plus*
» *rompue, & dans l'entre-deux, de jaune,*
» *de verd, de bleu : ce qui s'accorde, dit-*
» *il, avec la premiere propofition.*

MÉPRISE DANS CETTE EXPÉRIENCE.

Voyez dans la feconde Partie ma troifié-
me expérience Anti-Newtonnienne qui
eft la même que celle-ci. Lorfque je regardois les rayons de Lumiere qui paf-
foient par la face inférieure du prifme, &
qui peignoient pour lors les couleurs fur
la muraille, telles qu'elles font décrites; je
voulus voir fi les rayons qui venoient de la
partie fupérieure du prifme pouvoient fe
peindre à la partie inférieure de l'image
& changer les couleurs ; ce qui auroit été
contraire à mon fyftéme & favorable à
celui de Newton, à caufe de la conftante
refrangibilité de fes prétendus rayons
colorés

colorés en ce cas. Mais la partie supérieure de l'image étant toujours bleue & l'inférieure rouge ; & étant sûr de mes expériences, il ne me fut pas difficile d'observer que les rayons qui venoient du haut du prisme se réfléchissoient sur le bas de l'image lumineuse, & que ceux du bas se réflechissoient sur le haut de cette image, sans changer les couleurs. Je mis une petite bande noire en forme de T sur la face refringente du prisme par où passoit la lumière ; alors en éloignant un peu le prisme de la muraille, ce T paroissoit renversé sur l'image lumineuse, & les couleurs étoient toujours dans le même ordre, c'est-à-dire, le bleu en haut & le rouge en bas, quoique les rayons fussent alors changés ; de-là je conclus que Newton s'étoit trompé dans toutes les expériences qu'il avoit faites, & que les rayons qu'il prétendoit plus ou moins reflangibles n'avoient jamais existé, puisque dans cette observation les rayons se croisent du haut en bas & du bas en haut à travers un même plan, sans changer l'ordre des couleurs.

QUATRIEME EXPERIENCE NEWTONNIENNE.

Cette expérience est au commence-

ment du premier Livre de la seconde partie de l'Optique sur la lumiere & sur les
couleurs de Newton, il dit: » Si un trait
» de lumiere solaire entre dans une chambre
» noire par un trou oblong dont la largeur
» soit LA SIXIEME OU LA HUITIEME
» PARTIE D'UN POUCE, & que ce trait de
» lumiere passe ensuite, premierement à tra-
» VERS UN FORT GRAND PRISME QUI SOIT
» A VINGT PIED de distance, & que la
» partie blanche de ce trait passe par un au-
» tre trou oblong fait dans un corps noir &
» opaque, lequel trou ait environ LA 40°. ou
» 60°. PARTIE D'UN POUCE DE LARGE,
» & soit à DEUX OU TROIS PIEDS DE DIS-
» TANCE; si cette lumiere ainsi transmise par
» le second trou tombe ensuite sur une feuille
» de papier blanc à la distance de TROIS OU
» QUATRE PIEDS de ce trou, & y peint
» les couleurs ordinaire du prisme, on peut
» avec un fil d'archal ou autre pareil corps
» mince & opaque d'environ UN DIXIEME
» DE POUCE de largeur, intercepter les rayons
» & faire disparoître par ce moyen telle cou-
» leur qu'on voudra; les autres couleurs re-
» stant sur le papier comme auparavant; ou
» bien avec un obstacle un peu plus gros, on
» peut ôter deux couleurs ou trois ou quatre
» tout à la fois, le reste demeurant. Ainsi cha-
» cune des couleurs, peut, aussi bien que le
» violet devenir extérieure dans les confins de

» l'ombre, & auſſi bien que le rouge. Chacune
» peut auſſi confiner à l'ombre faite au dedans
» des couleurs par l'obſtacle interpoſé, & in-
» tercepter quelque partie immédiate de la
» lumiere, & enfin chacune de ces couleurs
» étant laiſſée ſeule, peut dès-là confiner
» l'ombre des deux côtés, d'où il conclut
» que toutes les couleurs ſouffrent indifférem-
» ment les confins des ombres ſans altération.

Mépriſe de Newton ſur cette Expérience.

J'ai fait le grand attirail que preſcrit
Newton dans cette expérience, & l'Obſtacle que j'interpoſois à peine ſe connoiſ-
ſoit-il ſur le papier blanc par la grande
diſtance ; mais ayant bien examiné, je
vis une couleur rouge ſur les bords ſupérieurs de l'ombre du fil d'archal, & une
couleur bleue ſur les bords inférieur de
cet ombre très-peu diſtinctes par la foi-
bleſſe des oppoſitions. Cela ne me con-
tenta pas, je fis l'expérience dans une
chambre de huit pieds ; ce qui me réuſſit
mieux, les objets furent plus ſenſibles ;
& pour m'aſſurer davantage, je me ſervis
enſuite de ma petite chambre portative de
trois pieds où je mis le priſme en face
des rayons qui venoient de la petite ouverture, & j'interpoſois à ce priſme un fil
d'archal en travers & au milieu de la face

refringente & inférieure qui recevoit les traits des rayons; d'abord il parut une bande noire très-diſtincte ſur l'image lumineuſe, dont les bords ſupérieurs étoient bordés de rouge, & de jaune & les bords inférieurs de bleu, & à meſure que je baiſſois ce fil de fer, il ſe faiſoit au haut de l'image lumineuſe un violet du bleu, qui ſe trouvoit entre deux ombres; & en élevant ce fil il ſe formoit un violet en bas par l'approche du bleu ſur le rouge; & lorſque l'ombre noire cachoit quelque couleur d'un côté, elle en découvroit de nouvelle d'un autre, qui participoit toujours du voiſinage de celle que cet ombre produiſoit, ainſi il étoit inutile que Newton prît de ſi grandes précautions pour ſe ſouſtraire à une vérité qui ſe préſente dans toutes les expériences que l'on peut faire par le priſme & par tout autre moyen.

Ce qui me ſurprend, c'eſt que ce Philoſophe diſe, après avoir expoſé cette expérience: « *Au reſte, en faiſant ces*
» *épreuves, il faut obſerver que l'expé-*
» *rience réuſſira d'autant mieux que les*
» *trous ſeront plus petits, & les interval⸗*
» *les entre ces trous & le priſme plus grand;*
» *& que la chambre ſera plus obſcure, pourvû*
» *que la diminution de la lumiere ne ſoit pas*
» *ſi grande qu'elle empêche, dit-il, les cou-*

» leurs d'être affez vifible. Obfervez, Meffieurs, que la premiere chambre noire
dont Newton s'eft fervi avoit environ 28
pieds de longueur , & le rayon primitif
qui entroit dans cette chambre n'avoit environ que deux lignes de diametre , & il
dit ici , que *l'experience réuffira d'autant
mieux , que les trous feront plus petits & la
diftance plus grande.* Pour faire la même
expérience & beaucoup plus fenfibles
une petite chambre noire de huit pieds
en quarré m'a suffit. J'ai fait enfuite cette
expérience dans une autre chambre portative , comme j'ai dit , de trois pieds
où je regardois par une petite fenêtre que
je bouchois moi-même avec ma Tête en
regardant l'expérience , elle a été beaucoup plus fenfible , & j'ai parfaitement
diftingué les couleurs du prifme fur le papier , ainfi que j'ai décrit , & encore
plus les couleurs qui étoient attachées à
l'ombre du fil d'archal qui coupoit l'image lumineufe.

A l'égard des obfervations des Miroirs
concaves & convexes touchant les ré-
flexions & les couleurs des Plaques polies,
épaifles & tranfparentes, où Newton ob-
ferve les Anneaux colorés, réflechis fur le
carton d'où part la lumiere par un petit
trou, à quoi il compare les globules d'eau
ou de gréle qui occafionnent les anneaux

colorés conſentriques au Soleil & à la Lune ; ma cinquiéme expérience ci-après du
tuyau au trou de la chambre noire, com-
battra les conſéquences de ces Obſerva-
tions, ainſi que la définition que je donnerai de l'Arc-en-Ciel à la fin de ma ſeconde Partie.

Je crois, Meſſieurs, qu'il eſt inutile
d'en dire davantage, cela ſuffit pour
confondre les prétendus miracles de
Newton.

SECONDE PARTIE.

Je vais préſentement expoſer des Expériences moins équivoques qui établi-
ront un nouveau ſyſtême, & qui détrui-
ront entierement celui du Philoſophe que
je combat.

EXPERIENCES ANTI-NEWTONNIENNES.

Premiere Expérience.

J'ai obſervé que les couleurs primordiales ne ſe rencontrent que par l'oppoſi-
tion des corps, c'eſt-à-dire, que lorſ-
qu'un corps obſcur de quelque couleur
qu'il ſoit, confine avec un fond plus clair
la couleur qui ſe forme dans leurs jon-
ctions eſt purement bleue, & terminée

par une teinte nuancée du clair à l'obscur,
ou jaune & rouge, formant l'orangé.

J'entends qu'un corps confiné avec un
fond clair, lorsque son extrémité supérieure touche une superficie ou un fond
plus clair, & qu'un corps est posé sur
un fond obscur, lorsque l'extrémité supérieure de ce même corps confine avec
un fond d'une teinte plus obscure. En
voici un exemple. Je suppose une bande
de gros Carton, posée horisontalement
sur une Vître ; le dessus de la bande de
carton sera le corps obscur posé sur un
fond clair, & si je considere la vître qui
confine avec le bas du carton, elle sera
prise pour l'objet & la partie inférieure
du carton pour le fond sur lequel cet objet est posé ; l'objet sera alors plus clair que
le fond sur lequel il repose. Mais au contraire si je me sert de cette même bande
de carton, & que je la pose horisontalement sur un papier gris ou brun, les oppositions seront différentes, le dessus du
carton confinera avec un fond obscur,
& le dessous sera une opposition avec le
papier brun contraire à celle que faisoit
la vître.

Si je regarde les confins des ombres
par la face refringente & inférieure du
prisme, si l'objet est entouré d'un fond
plus clair ; par sa partie supérieure, il se

formera une couleur bleue nuancée du clair à l'obscur ; & par sa partie inférieure le rouge & jaune formant un orangé ; & les Couleurs seront opposées si l'objet clair est posé sur un fond plus obscur. Au contraire si je regarde par la face refringente & supérieure du prisme, alors les couleurs sont différentes & totalement opposées, c'est-à-dire, que l'extrémité supérieure des corps obscurs sur le clair sera rouge, jaune, & orangée au lieu d'être bleue, & celle des objets clairs posés sur des fonds obscurs sera bleue au au lieu d'être rouge.

Seconde Expérience.

Si les lignes sont perpendiculaires & le prisme horisontal, il n'y aura alors plus de formation de couleurs. Mais si le prisme est perpendiculaire, le Phénomene est bien différent de ce que nous venons de dire ; & le bleu, au lieu d'être sur les confins des lignes horisontales dans l'opposition de l'obscur sur le clair, quand on regarde par la face inférieure du prisme ; il se trouvera sur les côtés des lignes perpendiculaires qui auront le clair à droite & l'obscur à gauche, si on regarde par la face refringente du prisme qui est du côté gauche ; & on verra le contraire si on regarde par la face du prisme qui est du côté droit. Et pour prouver que la refrangibilité de toutes les couleurs est égale dans les deux faces refringentes du prisme, & que les couleurs sont également refrangibles; que l'on regarde dans l'un & l'autre cas avec l'œil droit ou avec l'œil gauche: que l'on mette la lumiere à droite ou à gauche, le Phénomene sera toujours le même.

Je ne crois pas que l'on se soit apperçu jusqu'à présent de ces expériences, je ne les ai trouvées que par la vertu du clair obscur. Un Philosophe ne peut définir les couleurs sans être Peintre, non plus qu'un Peintre sans être Philosophe: il n'est donc pas surprenant que Newton se soit trompé dans ces observations.

Je m'apperçus encore dans ces expériences, que les lignes obliques font le même effet que les lignes horisontales. Quand les lignes obliques à l'horison séparent deux surfaces, dont l'une est obscure & l'autre claire ; si la ligne penchée est appuyée sur une surface brune, & soutient un fond clair, c'est-à-dire, que l'angle qu'elle forme avec l'horison le plus aigu renferme une surface obscure : alors les confins des corps produisent le bleu, si l'on regarde par la face inférieure du prisme : & au contraire le rouge & le jaune. Donc je conclus de ces deux expériences que les couleurs ne font point dans les rayons, mais qu'elles fe produifent par l'oppofition de l'ombre & de la lumiere.

Troifiéme Expérience.

Dans la chambre noire, je m'apperçûs que l'effet que font les couleurs peintes fur la Muraille eft oppofé à celui qui fe fait naturellement dans nos yeux; & que dans l'image oblongue & lumineufe, les confins fupérieurs font gros bleu, le milieu bleu, verd, jaune, orangé & la fin rouge; quand la lumiere fe refracte, l'angle refringent du prifme tourné en bas, au lieu qu'autrement il arrive le contraire. J'avois déja obfervé que les rayons qui defcendent du haut du trou par où paffe la lumiere, & qui portent la couleur fur les extrémités fuperieure & inferieure de la face refringente du prifme en fe renverfant dans ces endroits pour continuer leur route, occafionnent les mêmes couleurs que celles qui fe forment aux oppofitions defdites extrémités de la furface refringente, par où montent les rayons fur l'image dans un fens contraire à celui dont ils font arrivés fur le prifme. Mais je n'avois pas obfervé que les couleurs qui fe formoient fur la muraille, étoient oppofées à celles qui se font dans nos sens après s'être peintes sur notre Cornée ou sur notre iris, car le haut de l'image fait l'opposition d'ombre sur lumiere & les rayons passant par la face refringente inférieure, comme j'ai déja démontré, devoient donner dans cet endroit le rouge au lieu du bleu ; il ne me fut pas difficile de trouver la raison de ce phénomene ; je fis seulement attention à la triple transparence qui se fait alors des rayons d'ombre & de lumiere ; d'où je conclus, que s'il arrivoit autrement dans nos sens, le systéme de Newton seroit véritable : en voici la raison.

Les bords du Trou par où passe la lumiere, font deux oppositions avec la lumiere ; le bord supérieur fait obscur sur clair, & le bord inférieur clair sur obscur, & ces deux oppositions sont d'une part bleue, & de l'autre rouge & jaune, & si le bleu se trouve sur le haut de l'Image lumineuse au lieu du rouge, comme il semble que cela devroit arriver par les oppositions que cet image représente ; c'est que les rayons se renversent comme j'ai dit dans la méprise de la troisiéme expérience Newtonnienne ; & pour m'assurer encore plus de cette vérité, je fis à la chambre noire un trou triangulaire. Alors l'image fut aussi triangulaire, mais un peu mousse ; ensorte cependant que le côté de l'image qui repréſentoit les deux côtés du triangle, étoient tournés en bas lorſque la pointe du triangle étoit tournée en haut, & la couleur ſuivoit exactement la courbure & la rencontre des côtés du triangle ſans aucune interruption & avec le même ordre que j'avois obſervé dans toutes mes Expériences ; donc par la même raiſon les rayons qui cauſent les couleurs par tranſparence étant reçûs ſur notre Iris comme ils le ſont ſur la muraille, ils doivent par le renverſement qu'ils font pour parvenir à la Retine, donner des couleurs oppoſées. Donc je conclus qu'autant de fois que les rayons changent de direction, autant de fois ils changent de couleurs par leurs tranſparences oppoſées, ce qui s'accorde parfaitement avec mon ſyſtême.

Quatriéme Expérience, qui donne une figure extraordinaire de l'image lumineuſe du priſme ſur la muraille de la chambre noire.

J'ai fait cette expérience qui eſt aſſez particuliere. J'ai poſé un grand tuyau d'Etain au trou de la chambre, par où paſſoit la lumiere, dont l'Embouchure étoit grande, & enſuite venoit en Colomne creuſe & polie de 3 pieds de longueur ſur 2 pouces de diamétre, & ſe terminoit par

un petit trou de deux lignes d'ouverture,
auquel il y avoit un petit Tuyau creux
du même diamétre, qui donnoit sur l'angle d'une surface du Prisme posé comme
à l'ordinaire; cette lumiere sortoit subi-
tement de ce petit trou, & au lieu de donner les figures oblongues de Newton,
comme il décrit dans ses expériences; il
peignoit sur la muraille d'abord un Point
blanc de quatre à cinq lignes bien rond,
& autour un Cercle noir, dont les parties
supérieures, internes & externes étoient
rouges & jaunes; les parties inférieures
étoient bleues : autour de ce cercle noir
coloré, paroissoit un cercle lumineux,
qui étoit terminé par un second cercle
noir, dont les confins faisoient sur la lumiere les mêmes effets que le premier; & enfin le tout finissoit par un petit cercle un
peu lumineux.

Cela prouve bien la différente réfraga-
bilité du Prisme; & que les couleurs ne
sont pas dans les Faisceaux des rayons;
mais qu'elles sont formées par les oppositions du Clair-obscur, & par les réfractions opposées.

L'on peut observer par cette expérience
que la Lumiere ainsi reçue par le premier
tuyau, se portoit toute rassemblée en un
seul faisceau par un autre petit tuyau,
comme elle feroit d'un trou simple &

beaucoup plus grand fait au volet de la
chambre. Il semble pour lors que ce qui
s'est passé dans le tuyau avant la sortie de
sa petite ouverture, ne doit rien changer
à l'image lumineuse sur la muraille ; &
que le faisceau de rayon qui passe dans
le petit tuyau ne doit plus rien conserver
des objets, ou, pour mieux dire, des Oppositions qui se sont formées sur les bords
de ce premier tuyau, & sur les inégalités
intérieures qu'il contient dans son creux,
par où passent les rayons de lumiere, &
ces inégalités ne devoient rien changer aux
rayons réunis du Faisceau qui traverse le
prisme. Mais au contraire les images de ces
inégalités circulaires se traçoient à la muraille comme autant de cercles obscurs
bordés de franges bleues & rouges, ainsi
que je l'ai observé: Pourquoi donc Newton
n'a-t-il pas apperçu par la même raison
que les inégalités & les oppositions extérieures des corps qui étoient au-delà du
trou par où passoit la lumiere, & les bords
mêmes du trou pouvoient occasionner
différente inflexion de lumiere autour de
ses ombres ? & puisqu'il a lui-même observé que les couleurs sont plus ou moins
foncées à mesure qu'elles s'approchent
plus ou moins des fortes ombres, & que
le Gros bleu est constamment attaché
l'ombre, & le Gros rouge qui s'attache

auſſi à l'ombre par le côté oppoſé, ne peut être produit que par une inflexion oppoſée? Cette réflexion & l'expérience du tuyau d'Etain, devoit le conduire à convenir que le phénomene des Anneaux colorés réfléchis ſur le carton, & celui des Franges autour des ombres, n'étoient produites que par l'Inflexion de la lumiere ſur l'ombre, & de l'ombre ſur la lumiere, cauſée par les inégalités & les oppoſitions extérieures par où paſſoit les rayons & d'où ils étoient Refléchi. La marque de cette vérité tombe naturellement ſous les yeux, ſi l'on conſidére que jamais on n'apperçoit le Verd & le Violet dans les couleurs du priſme, que lorſque les objets terminés en lignes paralleles ou obliques ſont étroits, & qui occaſionnent pour lors l'approche des deux inflexions; c'eſt-à-dire, celle qui donne le bleu, & celle qui donne le jaune, leſquelles ſont le verd, ou l'inflexion bleue avec le commencement de la rouge qui font le violet : d'où il faut conclure que le priſme ne donne que trois couleurs, qui, rapprochées, en produiſent deux; c'eſt-à-dire, le Verd & le Violet; car l'Orangé n'eſt que le paſſage rouge au jaune, & l'Indigo n'eſt que la plus forte teinte du bleu. Par exemple, vous ne verrez jamais par le priſme ni par tout autre expérience l'aſſemblage de plufieurs couleurs, fans qu'elles commencent par le Bleu ou le Violet & ne finiffent par le Rouge avant de répéter les mêmes ef-fets, comme Newton l'expofe dans fes Ob-fervations, cela prouve bien qu'elles n'ont aucun rapport aux Sons avec lef-quels Newton veut les accorder, puif-que bien fouvent le verd, dans le re-treciffement des différentes réfractions touche le rouge, & que le bleu difparoît quelquefois lui-même par l'approche du jaune, ce qui fe voit dans l'expérience fuivante.(

Cinquiéme Expérience.

Si je joins deux Prifmes, que je regar-de au travers, l'endroit de leur Jonction qui peut me réfracter les rayons des Ob-jets voifins, ces objets paroîtront comme une grande bande noire en forme d'Arc renverfé, accompagné de quantité de cercles les uns immédiatement fur les au-tres, de toutes les Couleurs que je viens d'obferver, qui fe croifent bien fouvent, de façon que le jaune couvrant le bleu en fait un verd, & le rouge couvrant auffi le bleu en fait un violet, & ainfi des au-tres. J'ai trouvé cette expérience dans Newton, quoique différemment prife; mais il n'a pas obfervé que le Phénome-

ne

ne n'étoit produit que par la réflexion & réfraction des rayons des corps qui l'environnoient, qui se peignoient sur les deux superficies jointes, en se retrecissant & en se refractant & s'arrondissant en deux façons : sçavoir si l'on regardoit les objets de bas en haut, ils se recourboient en Arc renversé, le noir étoit à l'entour ; & lorsque l'on regardoit les objets de haut en bas, ils se recourboient en Arc-en-ciel, le noir se trouvoit pour lors au milieu, & étant posé devant une fenêtre qui avoit cinq barreaux, je vis cinq Arcs fort distincts & approchés ; étant posé ensuite vis-à-vis une fenêtre qui en avoit sept, je comptois aussi sept Arcs, & le moindre objet m'augmentoit le nombre des cercles de mon Arc-en-ciel.

Sixiéme Experience faite en plein Soleil.

A l'heure de midi dans un tems serain, je fis l'experience du prisme ; ma chambre noire étoit notre Hémisphere, le Soleil servoit à la place du trou par où l'on fait ordinairement passer un certain nombre de rayons ; & ayant posé un prisme à la distance d'environ trois pieds, d'une muraille de pierre de taille, dont la surface étoit mal unie, cariée de l'air & d'un jaune sale ; étant vis-à-vis cette mu-

C

faille mon Ombre servoit à l'experience, de sorte qu'étant plus élevée que l'Image lumineuse & moins oblique à la muraille, je faisois peindre l'image lumineuse au milieu de mon ombre, en tournant le prisme de façon que cette image se promenoit sur l'étendue de l'ombre, & quelquefois je la laissois sortir pour voir l'effet qu'elle faisoit sur la partie de la muraille éclairée par le Soleil, j'appliquai même un papier uni sur la muraille, auquel je faisois aussi peindre l'image : j'approchois mon prisme & je l'éloignois pour observer les trois Oppositions de rayons qui sont occasionnées par les deux surfaces refringentes, puisqu'il y a trois Inflexions différentes entre ces surfaces ; la premiere qui se fait des rayons qui partent du corps lumineux, & qui vont aboutir sur la premiere surface du prisme, la seconde des rayons qui traversent le prisme, & la troisiéme de ceux qui sortent de la seconde surface. Voici les observations que j'ai faites sur cet expérience pour confirmer mon Systême, & détruire celui de Newton.

Premiere Observation. Je regardai l'image lumineuse sur la muraille, comme celle qui se peint d'abord sur notre Cornée ; les rayons de cet image se trouvent toujours renversés de dessus en dessous

& de droit à gauche dans notre Retine ;
par conséquent les couleurs qui se pei-
gnent bleue par la face inférieure du prisme, à la rencontre des objets clairs sur
l'obscur, comme j'ai dit ci-devant, doivent se peindre différemment dans la retine, par le renversement des rayons qui
occasionnent ce changement. Ce qui ar-
rive, en effet, ici comme dans la chambre noire ; car le Bleu se trouve entre
l'ombre & la lumiere sur la muraille,
lorsque la lumiere est inférieure à l'ombre ; & le Rouge & Jaune lorsqu'elle est
supérieure. Ces couleurs sont toutes opposées lorsqu'on les regarde à travers
le prisme, quoique les rayons passent
également par la face refringente inférieure du prisme. Ce qui prouve évidem-
ment cette vérité, c'est que je pris un
second prisme & je regardai l'objet lumineux, qui se peignoit sur mon ombre,
& je vis sur le champ ce qui étoit bleu,
rouge, & ce qui étoit rouge, bleu. Pourquoi donc Newton & ses disciples ont-ils
osé avancer, que *ni réfraction, ni réflexion,
ni aucun moyen imaginable ne peut changer
les rayons primitifs, semblable à l'or que le
creuset a éprouvé, & encore plus inaltérables?*
Je crois, Messieurs, que si Newton vivoit,
la vérité que nous venons d'observer le
soumettroit, & il seroit fâché d'avoir avancé
cet hypotèse.   C ij

Seconde Observation. Sur la même expérience, je m'apperçus que lorsque j'approchois le prisme de la muraille de la distance d'un pied, la couleur étoient moins vive & moins étendue, & le Blanc occupoit la plus grande partie de l'Image, & quand le prisme étoit tout-à-fait proche de la muraille il n'y avoit alors presque plus de couleur sur les bords de l'ombre, & le blanc occupoit toute l'image. Ce qui me prouva encore la triple inflexion des rayons du prisme. Et pour mieux connoître cette verité, je regardai au travers du prisme le Soleil à la distance de trois pieds. alors il me parut oblong & ses bords supérieurs & inférieurs, se touchoit avec les extrémités supérieures & inférieures de la surface refringente du prisme, & les oppositions de l'image du Soleil se joignoient à celles des bords du prisme ; mais à la distance d'un pied le Soleil ne se voyoit plus aux oppositions, il paroissoit bien plus petit que la moitié de la surface, & alors la seule opposition qui se faisoit de ses rayons sur la premiere & la seconde surface du prisme donnoit les couleurs ; d'où je conclus que lorsque le prisme étoit tout-à-fait proche de la muraille, il n'y avoit plus que l'opposition des rayons inclinés de la seconde surface qui produisoit les couleurs : & pour plus grande certitude de ce Phénomene, je posai une bande de papier fort mince à travers la face du prisme par où passoit les rayons, au bas de laquelle bande j'ajoutois un autre morceau de papier en forme de T, & lorsque le prisme étoit éloigné le T paroissoit renversé, ainsi que fait l'image du Soleil lorsqu'elle se peint à travers une Lentille, & comme j'ai prouvé dans l'experience ci-devant de la chambre noire, & lorsque je rencontrois le Foyer de l'image du Soleil, le T disparoissoit totalement, & il reparoissoit dans sa situation, lorsque l'on n'appercevoit plus l'image colorée du Soleil ; & que le prisme étant proche de la muraille les couleurs diminuoient & ne se formoient plus que des oppositions des rayons dans les confins des surfaces du prisme par leur derniere inflexion.

Troisiéme Observation. Comme dans cette expérience j'agissois avec liberté, & que n'étant pas enfermé ainsi que Newton dans une chambre noire, je pouvois appercevoir plus facilement les phénomenes des couleurs, j'observai mieux que dans les expériences précédentes d'où provenoit le violet : j'apperçus la vraie cause qui occasionnoit cette couleur. La surface supérieure du prisme outre sa refraction qui se fait en bas, donne une réflexion

en haut par une ligne lumineufe & rou-
geâtre & un peu bleue fur fa partie fupérieure caufée par l'inflexion des rayons réflechis. Cette ligne lumineufe fe trouve
ordinairement plus élevée que l'Image
colorée de la refraction faite par la face
inférieure ; & alors quand on veut voir
un beau Violet, on tourne le prifme
de façon que cette ligne lumineufe
rencontre le bleu de l'Image colorée,
ce qui réuflit à merveille. Cela prouve bien que le Violet n'eft pas, comme dit Newton, une couleur primitive.
Les angles du prifme occafionnent une
petite teinte de lumiere, qui au défaut
de cette ligne de réflexion fait le même
effet ; mais alors à peine connoît-on le
violet. J'ai fait cette obfervation de Re-
flet, tant par la face fupérieure que par
la face inférieure du prifme.

Septiéme Expérience.

Je crois qu'il fuffiroit des expériences
que je viens d'expofer pour établir mon
fyftéme ; mais celle-ci m'a paru fi belle &
fi contraire au fyftéme de Newton, que
je n'ai pû m'empêcher de la mettre à la
fuite des précédentes.

Sans fortir de la place où j'étois en plein
Soleil ; je collai une bande de papier qui

cachoit l'une des surfaces du prisme, sur
laquelle bande de papier je fis quatre
trous comme la tête d'une épingle, rangés en ligne Diagonale, de sorte que le
premier étoit au haut de la surface & le
plus éloigné de l'angle refringent ; & le
dernier touchoit l'angle refringent du
prisme : ayant exposé au Soleil ce prisme
& les rayons donnant sur le papier qui
étoit collé sur la surface refringente & inférieure du prisme ; ils passoient par les
quatre petits trous & formoient quatre
ronds lumineux partagés chacun en trois
couleurs, dont celle du haut étoit bleue,
& le bas de ces petites taches de lumiere
étoit rouge & jaune ; & pour prouver
qu'il n'y avoit point de refrangibilité
dans les couleurs, j'approchai le prisme
de la muraille, alors les quatre trous pa-
roissent posés & rangés en ligne droite
& horisontale, & lorsque j'écartois le
prisme il paroissoit posé en ligne Diagonale, mais dans un sens opposé à celui sur
lequel ils étoient rangés sur la bande de
papier, c'est-à-dire, que quand ils étoient
panchés de droit à gauche sur le papier,
ils se trouvoient panchés de gauche à
droite sur la muraille ; & lorsque le prisme touchoit la muraille ils étoient posés
dans le même sens que sur le papier ; &
dans toutes ces oppositions ils ne chan-

geoient jamais leurs couleurs ; d'où je
conclus :

1°. Que lorsque le prisme étoit un
peu éloigné, & que la rangée des taches étoit en ligne droite & les couleurs
également posée, il falloit donc que le
bleu qui étoit produit par le trou le plus
bas, fut moins refrangible que le rouge
du trou le plus élevé, & ainsi des autres.

2°. Que lorsque le prisme étoit éloigné la preuve étoit bien plus forte ; puisque le rouge & le bleu de la tache la plus
haute étoit produit par les rayons qui
passoient par le trou le plus bas ; & le
bleu & le rouge de la tache la plus basse
étoit produit par les rayons qui passoit
par le trou le plus haut. Concluons donc
qu'il est absurde de dire que les couleurs
font plus ou moins refrangibles puisqu'elles le font également, & que les Couleurs ne se font que par l'opposition du
Clair-obscur, puisque nous ne trouvons
de couleurs que dans cette opposition.

Nouveau Systême des Couleurs.

J'ai prouvé dans la premiere Partie,
par les propres expériences de Newton,
& par celles que je viens d'exposer ici.

1°. Que les couleurs primordiales ne
se rencontrent que par les confins & dans

les oppofitions des fuperficies, foit dans la chambre noire, où dans l'œil de l'Obfervateur.

2°. J'ai défigné où fe produit conftamment le bleu, où fe fait le rouge auquel le jaune eft attaché, parce qu'il part du même principe.

3°. J'ai prouvé que l'orangé n'étoit autre chofe que le paffage du rouge au jaune, & que l'indigo etoit le bleu foncé ; que le verd étoit produit par la rencontre du jaune & du bleu, & le violet par celle du bleu & du rouge.

4°. J'ai démontré que les Couleurs au travers du prifme étoient vûes bien différemment par les faces fupérieure & inférieure à l'angle réfringent du prifme, & que le feul renverfement de l'angle de réfraction changeoit le rouge en bleu, quoique la réfrangibilité fut égale dans les deux points de vûe.

5°. J'ai prouvé que les couleurs changent autant de fois que les rayons qui les occafionnent changent de Direction & qu'ils s'infléchiffent différemment l'un fur l'autre. Cela fuffit pour prouver inconteftablement que les couleurs ne font point telles qu'on les a définies jufqu'à préfent. Newton les a cependant moins connues que tout autre ; car il a avancé que *toutes les couleurs fouffrent indifférem-*

ment les confins de l'ombre sans altération ; & par conféquent les caufes qui rendent les couleurs différentes les unes des autres, ne font point, dit-il, les différens confins des ombres & des clairs.

Quelques Philofophes anciens ont remarqué la rencontre des couleurs primordiales fur les confins des ombres, ce qu'il étoit fort facile d'appercevoir, & ils étoient communément perfuadés que les couleurs fe produifoient par un mélange d'ombre & de lumiere ; ils ont auffi penfé que les couleurs dérivoient du noir & du blanc ; d'autres n'ont reconnu que le blanc pour le principe des couleurs, & d'autres les ont voulu dériver du noir : tout a été dit noir & blanc, oui & non, pour & contre ; mais ces Philofophes prétendoient mal-à-propos que c'étoit le mélange de la lumiere avec l'ombre, comme je vais prouver : Ils n'ont point connu les oppofitions des clairs-obfcurs qui devoient produire pofitivement le fiége du bleu & celui du jaune. Ils n'ont point apperçu que la même couleur fe voit différemment par les deux différentes faces du prifme, & fous le même angle de réfrangibilité.

Je dis donc, Meffieurs, que fi les Couleurs font différemment apperçues du même endroit, & que la réfrangibilité d haut en bas change totalement le rouge & le jaune en bleu, & le bleu en rouge & jaune, fans qu'il refte aucun veftige de l'une ou de l'autre couleur ; au contraire que dans l'un & l'autre point de vûe les couleurs foient très-pures, très vives & très-diftinctes. Donc il n'y a aucune couleur dans les rayons, puifque fi les rayons étoient colorés, il ne feroit pas vrai de dire comme les Difciples de Newton, que *lorfqu'à l'aide du prifme vous avez féparé un de ces rayons primitifs, expofez-le, ont-ils dit, à un miroir à un verre ardent, à un autre prifme, jamais il ne change de couleur, jamais il ne fe fépare en d'autres rayons : porter en foi cette couleur eft fon effence, rien ne peut plus l'alterer ; & enfin, ni réfraction, ni réflexion, ni aucun moyen imaginable ne peut changer ce rayon primitif.* Voilà cependant ce rayon changé du bleu au rouge, par le feul renverfement de l'angle de réfraction. Que l'on ne dife donc plus, comme un Auteur moderne :

« Eft-ce parce qu'on eft né en France
» qu'on rougit de recevoir la vérité des
» mains d'un Anglais ? Ne devroit-on
» pas être plus flatté d'en être le difciple
» que l'adverfaire ? »

Je vais préfentement, Meffieurs, expofer quelles font les Couleurs Primitives ; quelle eft la caufe du Phénomène de l'in-

terpofition des couleurs dans les confins
des ombres ; quelles font les couleurs Sécondaires du prifme ; & enfin quelles
font toutes les couleurs de la Nature ?

Les couleurs primitives font *le blanc*
& le noir. Je ne dis rien de nouveau.
Mais fi ceux qui l'ont avancé avant moi,
avoient mieux approfondi cette matiere,
par les expériences qu'il convenoit de
faire ; ils n'auroient pas dit que c'eft
le Mélange de ces couleurs primitives, qui
produit toutes les autres couleurs, leur
fyftéme étoit abfurde, le mélange de ces
deux couleurs ne produit que le gris; & les
autres couleurs ne font produites que par
l'Inflexion & la Tranfparence de ces couleurs, comme j'ai déja dit, & non par
leurs mélanges. Si ces Philofophes avoient
connu & prouvé cette inflexion, & les
phénomenes qu'elle nous expofe conti-
nuellement, Newton ni fes difciples n'auroient jamais parlé de la réfrangibilité différente des rayons colorés.

Je dis donc que le blanc eft la couleur
de la Lumiere, le noir eft la couleur de
l'Ombre ; j'entends par la lumiere les
corps lumineux, & les rayons qu'elle
porte fur les parties folides des corps ma-
tériels ; & par l'ombre les couleurs natu-
relles de l'Air, de l'Eau, de la Terre & de
tous les Objets compofés de ces parties

folidés. Je diftingue ici deux propriétés du blanc & du noir ; fçavoir celle du mélange que les anciens confondoient , & celle de la tranfparence qu'ils ne conoiffoient pas.

Le mélange de ces deux couleurs fait immédiatement le gris & l'Inflexion ou la tranfparence de la lumiere, fur l'ombre & de l'ombre fur la lumiere fait le bleu, le jaune & le rouge, que l'on peut nommer *couleurs fécondaires* ; & la combinaifon des couleurs primitives & des trois couleurs fécondaires, qui font le *noir*, le *blanc* ; & le *bleu*, le *jaune* & le *rouge*, peut produire toutes les couleurs imaginables par mélange & par double tranfparence ; 1°. Par mélange elles produifent toutes les couleurs materielles, comme j'ai prouvé dans la pratique de mon Art, dans lefquelles le gris eft compris ; 2°. Par double & fimple tranfparence elles ne peuvent produire que les couleurs pures.

Je donne pour exemple de cette vérité le Ciel, dont l'immenfité de l'air noir & ténébreux oppofé à nos yeux ne fe colore que par les rayons du Soleil, lorfqu'ils s'interpofent à notre vûe, & qu'ils produifent alors le bleu par tranfparence ; & le Soleil lui-même vû fur l'horifon eft rougi par l'air épais & noir, ou vapeurs de la Terre opposée à ses rayons ; & s'il étoit possible de le voir en même-tems à quatre points différens sur l'horison, on le trouveroit très-blanc au Zénith, jaune à soixante degrés d'élévation, orangé à trente degrés ; & enfin rouge sur l'Horison. Et comme l'ombre & la lumiere peuvent se mêler ensemble, sans qu'il y ait aucune infléxion, alors la couleur qu'elles produisent est le gris qui est la couleur naturelle de Nuës qui sont mêlées d'ombre & de lumiere, & assez proche de la Terre pour être pénétrées de lumiere sans en être couvertes. Ainsi je conclus que la transparence des deux couleurs primitives donne les couleurs célestes, & par conséquent les trois couleurs sécondaires, & que leur mélange donne seulement le gris que l'on peut appeller couleur secondaire & Isolée, puisque au défaut d'une autre de même Nature elle ne peut plus rien produire, & que son mélange avec les autres secondaires ne fait que les salir, sans les changer de nature.

Dans le prisme les couleurs sécondaires ne sont également produites que par la transparence & par l'inflexion des rayons. La Lumiere sur l'ombre, ou l'Ombre sur la lumiere y font les couleurs ; & lorsque deux corps différens sont opposés, c'est-à-dire, que l'un est obscur, &

celui sur lequel il pose est clair; alors il se fait deux inflexions de rayons toujours de haut en bas, si l'on regarde les objets par la face inférieure du prisme, c'est-à-dire, que la lumiere tombe sur l'ombre, & l'ombre sur la lumiere.

La premiere inflexion produit le Bleu, comme les rayons du Soleil sur l'air font la couleur Céleste; & la seconde inflexion de l'ombre sur la lumiere produit le Rouge, lorsqu'elle est abondante; dans une moindre quantité cette inflexion produit l'orangé, & le jaune dans la plus légere. Il faut observer que les particules de l'Air qui touchent les ombres, & qui par conséquent sont plus ou moins éclairées, forment les rayons ténébreux qui occasionnent cette derniere inflexion.

Lorsque deux Inflexions de lumiere & d'ombre différentes se rencontrent par Double transparance; elles forment le verd, comme j'ai déja dit, si c'est du jaune au bleu; & le violet si c'est du bleu au rouge; ces deux couleurs ne sont que de couleurs Mixtes & Ternionnaires; l'Orangé n'est qu'un rouge clair comme l'Indigo n'est qu'un bleu foncé, & il pourroit s'ensuivre de-là que le jeaune ne seroit qu'un Orangé clair, mais on ne suprime pas cette couleur des trois couleurs secondaires, parce que son mélange avec

le bleu eſt diſtinct de celui du rouge avec
la même couleur : les autres couleurs qui
pourroient ſe produire de celles-ci, ne
feroient que des compoſés & de ſeconds
mixtes ſemblables à ceux que j'ai donnés
dans la pratique de mes Couleurs.

Couleurs primitives	Couleurs Secondaires,
NOIR,	*Par mélange* Gris.
BLANC.	*Par tranſparancé* bleu, rouge, & jeaune

Je donnerai, Meſſieurs, dans la ſuite,
l'Anatomie phyſique de toutes les couleurs matérielles, pour laquelle la Lumiere & l'Ombre ſuffiront.

J'ai démontré avec facilité l'azur cé-
leſte par la ſimple tranſparence de la lumiere ſur l'ombre, ce qui n'eſt pas difficile à comprendre. Voici comment cette
couleur eſt définie dans le Syſtême de
Newton. Il dit ; « *Comme c'eſt la premiere*
» *couleur, c'eſt-à-dire, le bleu, que les*
» *vapeurs commencent à réflechir, ce doit*
» *être la couleur du Ciel le plus pur & le plus*
» *tranſparent, puiſque les vapeurs n'y ſont*
» *pas encore parvenues à la groſſeur qu'elle*
» *doivent avoir pour pouvoir réflechir d'au-*
» *tres conleurs.* » Quoique la définiton de
Newton ſoit peu ſatisfaiſante, il eſt impoſſible

possible que ce Philosophe définisse autrement la couleur céleste ; où trouveroit-il de quoi prouver une réfrangibilité bleue dans des rayons colorés d'une si vaste étendue que nous paroît la voûte azurée, où les rayons du Soleil sont interposés de tous sens, & se réfractent, & se réflechissent de tout point ? Si la réfrangibilité de Newton étoit véritable , le Ciel ne nous paroîtroit qu'une bigarrure de toutes couleurs par la différente réfrangibilité des rayons colorés.

Les Philosophes modernes disent que, » ce sont les rayons du Soleil , plus ou moins » rompus dans les goutes de pluie, & réfle-» chis jusqu'à nos yeux avec des vibrations » plus ou moins fortes , avec plus ou moins » d'ombre qui forment l'Arc-en-ciel & ses » couleurs , & assurent que les couleurs ne » sont que la lumiere modifiée. » Ces Philosophes sont dans l'erreur ; voici quel est ce phénomene de l'Arc-en-ciel , dont j'ajoute ici la définition.

Lorsque le Soleil approche de l'horison , & que les Nuées opposées chargées d'eau , & par conséquent plus épaisses & plus noires que l'air , sont opposées aux rayons : les parties de cette nuée les plus élevées & les plus sphériques , sont éclairées par les rayons en plusieurs sens ; de sorte que celles qui sont couvertes de ces rayons où fe fait la tranfparence de la lumiere fur l'ombre font bleues, & ces rayons continuant leur route, & coupant enfuite cette nuée, font couverts à leur tour par la nuée ; c'eft ce qui fait le jaune après le bleu, & enfin l'orangé finiffauf par le rouge. Les autres couleurs qui s'y rencontrent, ne font, comme j'ai déja dit plufieurs fois, que le voifinage des couleurs fecondaires, fans autre magie que celle de la tranfparence de la lumiere fur l'ombre, & de l'ombre fur la lumiere. Ce qui caufe tous les Phénomenes colorés qui fe préfentent à nos yeux.

Les figures que j'ajouterai à la fuite de ma Differtation, expliqueront encore mieux les expériences que je viens d'avoir l'honneur d'expofer à l'Académie.

Meffieurs de l'Académie des Sciences, après avoir écouté avec complaifance mon *Effai fur les effets de la lumiere, & fur la nature des couleurs*, ont bien voulu nommer des Commiffaires pour examiner ma Differtation ; mais felon l'ufage ils n'ont pû décider, parce qu'elle étoit imprimée ; car c'eft ici la feconde Edition.

Je ne fuis point un Auteur prévenu ; le feul zéle qui m'anime, pour l'avancement & la perfection des Sciences, me fait prendre la hardieffe d'attaquer Mon-

fieur le Chevalier Newton, lequel, malgré cela, je refpecte comme un grand
homme. J'efpere que Meffieurs les
Newtoniens me feront l'honneur de cri-
tiquer mon Mémoire ; je les prie fur-
tout, fi j'ai cet avantage, & qu'ils ne
veuillent pas affecter un prétendu mépris,
de s'attacher à détruire, 1o. l'obfervation que j'ai faite fur le renverfement de
l'angle refringent, du prifme de haut en
bas, ou de bas en haut, qui change la
couleur du bleu en rouge, que Newton
n'a pas faite ; ou s'il fe trouve qu'il l'ait
faite, & que cela ne foit pas venu à ma
connoiffance, de citer l'endroit où il a
fait cette expérience, & quelles font les
raifons qu'il peut donner pour prouver la
conftante refrangibilité des rayons colorés malgré ce phénomene.

2°. De donner raifon pourquoi les im-
preffions externes de la Lumiere (comme dans la cinquiéme expérience) avant
de paffer dans le trou de la chambre noire, contribuent à changer les réfractions
du prifme fur la muraille, & pourquoi
elles occafionnent plufieurs cercles, où
les couleurs font toujours attachées aux
ombres, & fuivant l'ordre que j'ai établi
dans cette Differtation.

3°. De donner de meilleures raifons
de la couleur bleue & univerfelle du

Ciel, que celles que donne Newton, pour prouver l'égale réfrangibilité des rayons du Soleil sur la voute céleste & sphérique, en tout sens & en tout tems, & montrer comme la définition que je donne de la couleur rouge & jaune du Soleil, par la simple transparence des parties noires, est fausse; je me rendrai alors, & il me restera la gloire d'avoir osé combattre un si grand Philosophe pour mon coup d'essai.

GAUTIER.

A Paris, le 22 Novembre 1749.

LU ce 21 Décembre 1749. CLAIRAUT

VU l'Approbation, permis d'imprimer à la charge d'enregistrement à la Chambre Syndicale. Ce 23 Décembre 1749.

BERRYER.

Regiftré fur le Livre de la Communauté des Libraires & Imprimeurs de Paris, N°. 3366. conformément au Réglement & notamment à l'Arrêt du Confeil du 10 Juillet 1745. A Paris ce 5 Janvier 1750.

LE GRAS, *Syndic.*

EXPOSITION

DES SYSTEMES PHYSIQUES,

Sur la lumiere & sur les couleurs, des Auteurs Modernes les plus connus.

DAns ma Dissertation j'ai cité les sentimens de *Descartes*, du Pere *Mallebranche* & de *Newton*, sur les couleurs; j'ai cru qu'il étoit inutile de parler de l'ancienne Physique. Tout le monde sçait qu'*Aristote*, Chap. 7. du second Livre de l'ame, conclut parlant de la lumiere & de la couleur, *que la lumiere est l'acte du transparent en tant que transparent, & que la couleur est ce qui meut le corps qui est actuellement transparent.* On n'ignore pas non plus qu'*Epicure* dit : *Ne vous imaginez pas que les principes des corps, n'ayant d'eux-mêmes nulle couleur, ayent en partage d'autres qualités, comme le chaud, le froid, le son, l'odeur, &c.* Dans les Oeuvres Morales & Philosophiques de Plutarques, par M. *Amiot*, il est dit : « *Les* » *Pythagoriciens appelloient couleur la super-* » *ficie des corps ; Empedoclés ce qui est con-* » *venable aux conduits de la vûe ; Platon*

» une flâme sortant des corps, ayant des
» parcelles proportionnées à la vûe, Zenon
» le stoïque, que les couleurs sont les pre-
» mieres figurations de la matiere : les Dis-
» ciples de Pytagoras, tiennent que les gen-
» res des couleurs sont le blanc & le noir,
» le rouge & le jaune; & que la diversité
» des couleurs procéde de certaine mixtion
» des élemens; & ès animaux de la diffé-
» rence de leurs changemens & de l'air »
Ceux qui disoient par hasard que les couleurs venoient du noir & du blanc, rap-
portoient l'expérience du fer mis au feu,
que tout le monde connoît.

Ces anciens Philosophes n'ont point
approfondi cette matiere ; Descartes est
le premier qui ait osé détruire leur gali-
matias, & découvrir en partie le voile
qui nous cachoit des vérités si long-tems
ignorées : d'autres Philosophes ont ensuite rencheri sur ses découvertes ; je vais
seulement citer ici les plus grands hom-
mes du siécle qui ont frayé la route physique des couleurs, & dont les lumieres
ne m'ont point été inutiles.

1675. Jacques Rohault, *Traité de Physique*, à Paris, &c. chez Guillaume Des-
prez. Rohault disciple de Descartes, dit
parlant des couleurs : « *Toute l'action*
» *du corps coloré consiste à renvoyer la lu-*
» *miere avec quelque modification qu'elle n'a-*

» voit pas quand il l'a reçue. Il ne s'agit
» plus pour connoître les couleurs, que de
» parcourir les différentes modifications dont
» le mouvement est capable, & de chercher
» ce qu'il peut y avoir dans les corps qu'on
» nomme colorés, pour causer ces modifica-
» tions, &c. La blancheur, dit-il ensuite,
» est de toutes les couleurs celle qui appro-
» che le plus de la lumiere, & le noir le
» moins, & les autres couleurs consistent en
» ce que les petites boules du second élement
» ont un certain tournoyement à l'entour de
» leur centre, auquel une partie de la for-
» ce qu'elles avoient auparavant à avan-
» cer en ligne droite, s'est convertie, & en
» passant au travers du prisme on s'apper-
» çoit qu'ils sont capables de faire naître en
» nous le sentiment du rouge, du jaune &
» du bleu. »

1690. Pierre Silvain Regis, *Systême
de Philosophie*, à Paris, chez Anisson. Cet
Auteur nous dit que les couleurs ne sont
autre chose que certains changemens ou
certaines modifications qui arrivent à la
lumiere.

« *Le noir*, dit-il, est ce qui ne reçoit au-
» cune lumiere ; la lumiere n'est qu'une im-
» pulsion directe des petites boules qui compo-
» sent les rayons ; & les couleurs ne sont au-
» tre chose que le piroitement de ces mêmes

D iiij

» boules ; & le différent piroitement fait les
» couleurs. »

1718. M. Pierre Poliniere, *Expérien-*
ce de Physique, à Paris, chez Jean de
Laune & Claude Jombert. Ce Philosophe
dit que « *suivant les figures & l'arrange-*
» *ment des petites parties des corps, il en*
» *naît différentes couleurs;* il ajoute ensuite :
» *La couleur bleue du Ciel est réelle & posi-*
» *tive comme celle des autres corps, puis-*
» *que cette couleur se peint dans la chambre*
» *obscure.* Il dit page 453. *Les rayons de*
» *la lumiere en passant à travers les angles*
» *d'un prisme, font paroître de pareilles*
» *couleurs que l'Arc-en-ciel.* » Il dit après
page suivante : « *Les rayons de lumiere*
» *peuvent être rangés différemment par les*
» *corps transparens ou diaphanes qui les*
» *laissent passer ; & les rayons qui se bri-*
» *sent plus ou moins, excitent dans nos yeux*
» *des sensations particulieres, & nous font*
» *paroître différentes couleurs. Le prisme de*
» *verre n'a aucune couleur ; les rayons de*
» *lumiere s'y font seulement brisés en entrant*
» *& en sortant ; il n'y a point eu d'autre*
» *changement : la lumiere a donc été prépa-*
» *rée en passant à travers ce prisme ; la seu-*
» *le réfraction a donc rendu cette lumiere*
» *colorée.* »

M. de la Chambre disoit avant ceux-ci dans ses *Nouvelles Observations & Conjectures sur l'Iris,* pag. 58. & 59. Les couleurs ne viennent point du mélange de la lumiere & de l'ombre. « Je sçai » bien néanmoins que c'est le sentiment des » Philosophes anciens & modernes , & il » n'y en a pas un de tous ceux qui ont écrit » de cette matiere, qui ne suppose comme » une vérité évidente d'elle-même, & dont » on ne peut douter que la lumiere se mêle à » l'obscurité, & que de-là naissent toutes les » couleurs apparentes. Mais comment est-il » possible qu'on ne se soit pas avisé que le non- » être ne se peut mêler avec l'être, & que » quand cela se pourroit faire, il ne s'en » produiroit rien de nouveau. Qui a jamais » oui-dire que le son se mêlât avec le silen- » ce, ni que des deux il s'en pût faire un » tiers qui participât de l'un & de l'autre. » Les ténebres & l'obscurité sont des priva- » tions de la lumiere, & qui par conséquent » ne peuvent jamais être en société avec elle, » qui ne la peuvent alterer en aucune façon, » qui même au lieu de l'affoiblir, la fait » paroître plus forte & plus sensible : car une « petite clarté, qui à peine se laisse voir le » jour, éclate la nuit & brille de tous côtés , » nonobstant l'épaisse obscurité dont elle est » environnée, d'où il faut tirer encore cette » conséquence , que LES TENEBRES NE » SONT PAS DES CHOSES RÉELLES

» ET POSITIVES , comme quelques-uns
» se sont imaginés , parce qu'une si petite lu-
» miere ne se pourroit pas défendre d'un si
» puissant ennemi , & qu'elle seroit inconti-
» nent éteinte & détruite , étant assaillie de
» toute part d'une si grande obscurité ; mais
» nous ne voulons pas nous arrêter davanta-
» ge à une opinion SI EXTRAVAGANTE,
» qui est obligée par-là d'ôter toutes les pri-
» vations qui surviennent aux objets sensibles,
» & de mettre le silence pour une chose réelle,
» puisqu'elle est à l'égard du son ce que les té-
» nebres sont à l'égard de la lumiere. »

On nie ordinairement ce que l'on ne
connoît point ; ainsi il n'est pas étonnant
que M. de la Chambre, comme un auteur
prévenu , n'ait contredit ce qu'il ne pouvoit comprendre ; & si les anciens Philosophes, qui ont cru que la lumiere &
l'ombre faisoit toutes les couleurs ,
avoient fait, comme j'ai dit ci-dessus ,
les expériences que j'ai exposées dans ma
Dissertation ; cet Auteur n'auroit jamais
osé dire que les Ténebres, c'est-à-dire,
l'Ombre, n'est rien ; mais malgré que
j'ai prouvé que sa jonction , ou du moins
son inflexion avec la lumiere peut produire autre chose ; il devoit seulement
réflechir que si l'Ombre n'étoit rien,
nous ne l'aurions jamais apperçúe, & que
la couleur naturelle des corps qui ne

font point lumineux, ne peut être que l'Ombre, puisque s'ils étoient d'une autre couleur par eux-mêmes, la Lumiere feroit inutile pour nous les faire appercevoir ; ainfi la jonction ou l'inflexion de la Lumiere fur l'Ombre , peut feule par différente oppofition nous produire les couleurs fans autre puiffance, & comment les couleurs pourroient-elles exifter fans deux contraires !

1735. Le Pere Renault , l'Origine ancienne de la Phyfique nouvelle , Tome III. Cet Auteur dit : « Après tant d'obfervations nouvelles , & de Phénomenes réunis , » la lumiere nous conduit naturellement aux » couleurs. S'il y a dans la lumiere fept ef- » peces de rayons fimples , & que chaque » efpece de rayons porte fa couleur , enforte » qu'étant féparées , elles donnent conftam- » ment fept efpeces de couleurs principales ; » fçavoir , &c. Et que le blanc foit principale- » ment l'effet du mélange des fept rayons fim- » ples, & des fept couleurs primitives ; en un » mot , fi le fyftême de Newton eft vrai » comme vous le croyez , Arifte ; c'eft un des » beaux endroits de la Phyfique nouvelle , » & dont elle ne doit rien aux anciens. » Il dit enfuite » que les couleurs en général » font des vibrations plus ou moins vives de » rayons lumineux , plus ou moins mêlées » d'ombre , &c. Le blanc confifte dans les

» vibrations vives des rayons efficaces &
» non interrompus : le rouge eſt un aſſem-
» blage de rayons vifs , mêlés d'ombres; donc
» la ſurface des corps rouge eſt un amas de
» particules roides , &c.

Idem, Entretiens Phyſiques. « Les cou-
» leurs ne ſont dans les objets colorés que
» des tiſſus de parties propres à diriger vers
» nos yeux plus ou moins de rayons efficaces
» & des vibrations plus ou moins fortes, &c. »

1737. M. Dufay , dans les *Mémoires*
de l'Académie des Sciences : page 267.
» Si l'on examine bien la ſuite des coulenrs
» du priſme , on verra que les ſept qui ſont
» vûes diſtinctes l'une de l'autre dans le ſpe-
» ctre coloré , ſe peuvent réduire à trois cou-
» leurs primitives ; ces trois couleurs ſont ap-
» pellées matrices ou primitives.

» L'application de ce principe au noir &
» au blanc demande un travail particulier
» & pluſieurs expériences ; mais les Phyſi-
» ciens n'auront pas de peine à croire que
» cet examen doit conduire à la confir-
» mation de l'hypotèſe que je viens de pro-
» poſer , & qui conſiſte ſeulement à dire que
» toutes les couleurs de la nature ſe peu-
» vent réduire aux trois que nous avons éta-
» blies ; & enfin s'il n'y a pas dans la na-
» ture un plus grand nombre de couleurs
» primitives , c'eſt qu'il n'y a que ces trois
» configurations des parties , c'eſt-à-dire ,

celle du bleu, du jaune, & du rouge,
» qui puissent se placer entre les pores les unes
» des autres de la maniere nécessaire, pour
» réflechir à nos yeux les differens rayons
» qui composent la lumiere. »

1740. Le Pere Castel, l'Optique des
» couleurs, à Paris, chez Briasson. » Bien
» des Philosophes ont regardé le noir & le
» blanc comme une négation de couleur, & je
» les ai moi-même exclues jusqu'ici de la
» classe des vraies couleurs; 1°. Le noir est
» l'assemblage des couleurs sombres, & le
» blanc l'assemblage des couleurs vives. 2°. Ni
» le blanc, ni le noir ne sont l'assemblage des
» couleurs, mais la destruction des couleurs,
» dont les impressions diverses se détruisent;
» & cela tout aussi-bien dans le gris, qui
» tient le milieu, que dans le blanc & le noir,
» qui sont les extrémes : car le gris est un
» vrai clair obscur formé par le mélange des-
» dits blanc & noir. 3°. Le noir fait le noir,
» & le blanc fait le blanc, c'est-à-dire, que
» le blanc est la lumiere vive, & le noir la
» lumiere foible. Tels sont nos noirs & nos
» blancs vulgaires, car nous n'en avons gue-
» res de parfaits.

» Nos noirs sont visibles, quoiqu'en disent
» les Philosophes, & quoique j'en aye peut-
» être dit moi-même jusqu'ici avec eux; c'est
» que les noirs dont je parle, ont toujours un
» mélange de blanc ou de lumiere, ou de par-

» ties réflechissant la lumiere, & seroient
» mieux nommés des gris noirs que des noirs
» tout court. Mais il faut laisser le langage
» tel qu'il est, pourvû qu'on le donne pour ce
» qu'il est.

« Nous avons des noirs plus noirs les uns
» que les autres ; ce qui seul démontre ce que
» je viens de dire, &c.

Le Pere Castel est le Philosophe auquel j'ai trouvé le talent le plus décidé
pour connoître le vrai systême des couleurs, il ne lui a manqué pour réussir que
d'être Peintre. Voici un trait de lumiere
qui lui est échappé dans son Optique des
couleurs à la suite de cet article.

{« J'attribue la confusion où les Peintres
» ont laissé la moitié de leur bel Art, c'est-à-
» dire, le Coloris & le Clair obscur, à l'er-
» reur des Physiciens, même sur la nature
» des couleurs, qu'ils ont manifestement con-
» fondues avec le clair obscur lorsqu'ils les
» les ont fait consister dans un simple mélan-
» ge de l'ombre & de la lumiere.

» Le clair obscur manifestement n'est que
» cela : mais autre chose est la couleur, & il
» paroît que la nature y fait un peu plus de
» façon.

» Le raisonnement de M. Newton qui dé-
» fie de faire des couleurs en mêlant du noir
» & du blanc, dit quelque chose contre cette
» pensée Philosophique ; mais on pourroit lui

» répliquer que ces mélanges-là sont trop grof-
» siers.

» On pourroit fortifier l'argument en fai-
» sant tomber une ou plusieurs ombres dans
» des endroits où l'on feroit aussi tomber plu-
» sieurs lumieres, & en remarquant que les
» mélanges d'ombre & de lumiere, de quel-
» que façon qu'on les combine & quelque fins
» qu'ils soient, ne produisent pourtant ja-
» mais aucune couleur.

A ces derniers traits, le Père Castel
perd de vûe l'effet admirable que font
l'inflexion de la lumiere fur l'ombre &
de l'ombre fur la lumiere, d'où naissent
toutes les couleurs de la nature; car il dit
ensuite: « que le Blanc, le Noir & le Gris
» ne font point des couleurs ni des tons de
» couleurs, & ne peuvent entrer dans les cou-
» leurs que pour les éclaircir ou les obscurcir,
&c. Il ajoute après:

» J'ai fait voir ailleurs par des observa-
» tions moins profondes que celles-ci, mais
» que je crois vraies; que le bleu est la cou-
» leur mere & primitive, & la base de
» toutes les couleurs; je crois la chose
» exacte. »

Le Pere Castel conclut dans la suite
de la génération harmonique des couleurs, V. Observation, que les trois couleurs primitives de la nature font le bleu,
le rouge, & le jaune, & que l'on peut

compofer toutes les couleurs avec ces trois couleurs primitives.

1747. Elemens Physiques ou Introduction à la Philofophie de Newton, par S' Cravefande, traduits par Rolland & Virlois, Tome II. chez Antoine Jombert, page 254.

» Le blanc eft cependant produit par le » mélange de quatre ou cinq couleurs, fait » dans une jufte proportion. Les couleurs pre- » mieres, c'eft-à-dire, homogenes, étant » mélées produifent auffi une infinité de cou- » leurs différentes.

» Souvent une couleur femblable à une » couleur homogene, eft produite par le mé- » lange d'autres couleurs, & avec ces trois » couleurs le Rouge, le Jaune & le Bleu, nous » pouvons imiter toutes les autres, cependant » il ne faut pas conclurre qu'il n'y ait que » trois couleurs premieres, puifque l'on en » trouve effectivement fept; car lorfque nous » n'appercevons aucune différence à l'œil nud » entre une couleur homogene & une couleur » mêlée, elles deviennent fenfible à travers » le prifme, &c.

Je citerois ici bien d'autres Philofo- phes François & étrangers; mais ce ne feroit que des répétitions de fyftêmes; tout ne roule que fur les tournoyemens des globules, fur les vibrations, ou fur les différens degrés de refrangibilité.

De l'Impr. de DELAGUETTE, rue S. Jacques.

OBSERV·ATIONS

Sur les couronnes, les parelies & les pa-
raſelenes ; extraites des Mémoires de
l'Académie des Sciences, année 1693.
tome X. pag. 400.

M. Mariotte, pour expliquer comme
ſe font ces couronnes & ces parelies,
dit : » *Si l'on ſuppoſe qu'il y ait dans*
» *l'air quantité de petits filets de glace de la*
» *figure d'un priſme triangulaire équilate-*
» *ral, qui ſoient perpendiculaires à l'hori-*
» *ſon, & que les rayons du Soleil ſe rompent*
» *en paſſant au travers de ces priſmes ;*
» on trouve ſuivant le calcul de la table
» que M. Mariotte a donnée dans ſon
» Traité des couleurs *que tous les rayons*
» *diverſement inclinés à l'une des ſurfaces*
» *de ces priſmes de glace entre 45 & 53*
» *degrés, font avec les rayons directs, en*
» *ſortant de la glace après deux réfractions,*
» *un angle entre 23 degrés 30 minutes, &*
» *23 degrés 50 minutes, dont le milieu eſt*
» *23 degrés 40 minutes,* qui eſt juſtement
» la diſtance que M. Caſſini a obſer-
» vée entre ces deux paraſelenes de la
» Lune. M. Mariotte trouve auſſi par ſon
» calcul *que dans cette hypotheſe l'extrémité*

» *où la couleur rouge finit, doit être à la*
» *diſtance de 22 degrés 30 minutes, & que*
» *l'autre extrèmité où le bleu finit, doit être*
» *à la diſtance de 24 degrés 30 minutes,*
» *entre leſquelles diſtances le milieu eſt 23*
» *deg. 30 min.* ce qui s'accorde encore,
» à fort peu près, avec l'obſervation de
» ces paracelenes de M. Caſſini, &c. »

Il a fallu que M. Mariotte imaginât des priſmes de glace artiſtement rangés en l'air à une diſtance convenable, pour refracter les couleurs, & qu'il les accordât en même-tems avec les inſtrumens de l'obſervateur, ce qui eſt impoſſible ; en voici la raiſon.

Je ſuppoſe ces mêmes priſmes de glace, tel que ce Phyſicien veut les admettre, c'eſt-à-dire, *triangulaires, équilateraux, & perpendiculaires à l'horiſon* ; il eſt certain pour lors que ſi les rayons ſe refractent également dans ces prétendus priſmes, ils ſe refracteront confuſément ou obliquement, & ne pourront donner les couleurs telles qu'elles ſe préſentent dans les paraſelenes ou couronnes & dans un ſens circulaire, ce qui ſe contredit.

Expérience de l'aile de grive contre cette obſervation.

Cette expérience eſt fort ſimple ;

prenez une aîle de grive, ou de tout autre oifeau, dont l'aîle foit unie, fine, & d'une couleur obfcure ; regardez près de l'œil & à travers une flamme de chandelle ; fi vous tenez l'aîle oblique, c'eft-à-dire, que les barbes des plumes foient en ligne oblique avec cette lumiere, les rayons qui pafferont dans les efpaces de ces barbes, repréfenteront quatre doubles rangs de lumiere repetée & colorée, qui partiront comme du centre de la flamme de la chandelle, dont les rangs fupérieurs & inférieurs feront perpendiculaires, & les doubles rangs lateraux feront horifontaux, & chaque lumiere apparente & repetée dans ces rangs fera colorée en quatre fens différens, ainfi que fe fait l'inflexion de la lumiere fur l'ombre, & de l'ombre fur la lumiere, dans un fens oppofé à l'arrangement des barbes des plumes, qui fuppofent les prifmes de glace ; c'eft-à-dire, que dans les rangs fupérieurs & inférieurs, le bleu fera le plus près de la flamme, & le rouge & jaune les plus éloignés ; dans les rangs lateraux le bleu fera la couleur la plus voifine de la lumiere dans chaque flamme apparente, & le rouge le plus éloigné ; & pour feconde preuve que ce n'eft pas les différens degrés de refrangibilité, mais l'inflexion de la lumiere qui fait les couleurs, tournez cette aîle sitôt que les barbes feront perpendiculaires à la flamme de la chan-delle ; alors au contraire les rayons ne pourront se fléchir les uns sur les autres que diagonallement, & la croix que for-ment ces rayons sera en X ; ce qui ar-rive par l'inflexion des rayons qui paf-fent à travers les espaces des barbes de la plume, & par la seule tranfparence qui s'y fait alors de l'ombre & de la lumiere.

J'ai fait la même expérience au Soleil, lorfqu'il étoit près de l'horifon, avec une aîle de perdrix ; elle m'a réuffi de mê-me, & j'ai vû les plus beaux parelies qui ait jamais paru ; les images du So-leil fe repetoient dans le même ordre que ceux de la flamme de la chandelle dont nous venons de parler ; mais ayant voulu faire cette obfervation au Soleil du mi-di, la force des rayons abforboit les op-pofitions de l'ombre, & les parelies ne paroiffoient plus. A l'égard des parafe-lenes, ils m'ont réuffi dans tous les points de vûes & dans toutes les phafes de la Lune, d'où je conclus que la feule inflé-xion des rayons de la lumiere & de l'om-bre occafione tous les phénomenes qui nous repréfentent les diverfes couleurs.

J'ai d'autres obfervations à faire fur cet-te expérience, que je referve pour une au-tre fois.

EXPLICATION DES PLANCHES
pour la démonstration des Expériences Newtoniennes & Anti-Newtoniennes.

EXPERIENCES DE NEWTON.

PLANCHE I.

Figure I.

J'Ai cité cette expérience ci-devant, c'est la premiere de l'Optique de Newton.

O, l'œil.

A B, C D, E F, le prisme.

A B, l'angle supérieur & refringent du prisme.

C E, l'angle refringent inférieur.

A B D F, la face réfringente & supérieure du prisme.

D F E C, la face réfringente & inférieure.

G I K H, le papier ou carton de deux couleurs.

L M, la division.

G M, la moitié bleue.

L K, la moitié rouge.

g h i k, le même carton vû en haut & en bas.

E iij

h k, eſt la frange ſupérieure, & g i la frange inférieure.

Celle de la figure élevée h k, eſt bleue, & g i, eſt rouge, orangée & jaune, & à la figure vûe en bas c'eſt tout le contraire, & c'eſt la raiſon pourquoi le bleu paroît plus élevé que le rouge à la figure ſupérieure ; & plus bas à la figure inférieure.

Figure II.

C'eſt la ſeconde expérience de l'Optique de Newton.

AB, CD, le même carton bleu & rouge entouré de fil noir, & poſé perpendiculairement contre un mur.

E C D, eſt la moitié bleue d'un bleu clair, & E A D, la moitié rouge.

G, la chandelle.

H I, la lentille.

ab, cd, l'image repréſentée de haut en bas ſur la muraille, avec les couleurs renverſées & très-diſtinctes, avec leurs fils noirs, dans le même point de diſtance.

A A A a, le même rayon qui ſe refracte & ſe renverſe de droit à gauche de deſſus en deſſous.

A, l'angle de l'image rouge qui ſe peint en a, ſur la muraille oppoſée.

Les autres rayons B b, C c & D d ſont de même.

EXPERIENCES ANTI-NEWTONNIENNES.

PLANCHE II.

A B C, la coupe du prisme.

D, l'œil.

E, le corps obscur posé sur un fond clair, vû par la face inférieure & refringente du prisme.

F, le même corps vû par la face opposée.

A B, la coupe de la face supérieure & réfringente.

B C, la coupe de la face inférieure & refringente du prisme.

F G I, l'angle d'incidence qui donne sur la face supérieure du prisme, & qui fait le bleu avec l'angle de réfraction N G M.

E H I, l'angle d'incidence inférieur égal au précédent, qui avec son angle de réfraction N H L, donne au lieu de bleu sur le même objet, & au même point, le rouge, l'orangé & le jaune, par le seul renversement.

G N, & N H, les perpendicules du prisme, qui font les angles égaux avec les rayons d'incidence & de réfraction sur les deux faces du prisme.

E iv

PLANCHE III.

Figure I.

GHIK, la chambre noire.

D, le trou par où passe la lumiere de la chambre noire.

ABC, le prisme.

AB, & BC, les faces refringentes supérieure & inférieure du prisme, par où passent les rayons que je suppose au nombre de cinq; F, le bleu par l'opposition de l'ombre sur la lumiere; E, le rouge par l'opposition du jour sur l'ombre, & les trois rayons mitoyens sont l'orangé du côté du rouge, le vert du côté du bleu, & le jaune au milieu, lequel occasionne ces deux dernieres couleurs.

EF, l'image de la lumiere oblongue & renversée où ces couleurs sont peintes.

Figures II.

HILM, la même chambre.

DE, le grand tuyau d'étain dont j'ai parlé.

EF, le petit tuyau qui est ajouté au bout.

FG, le faisceau de rayons qui sort de ce petit tuyau.

BAC, le prisme posé du même sens.

NO, l'image extraordinaire de plusieurs cercles noirs & lumineux , dans lesquels ceux qui sont lumineux ont le bleu aux parties les plus élevées, & le rouge aux parties les plus basses, tant à leurs segments supérieurs qu'inférieurs ; & les couleurs mitoyennes, de la même façon que nous avons exposé ci-dessus.

Figure III.

C'est la même expérience que la précédente , hormis qu'à l'ouverture du tuyau DE, il y a trois trous, c'est-à-dire , deux en bas & un en haut, lesquels, quoique passant par un seul trou plus petit que l'un des trois, vont se représenter tous les trois renversés, & entourés d'un pareil nombre de cercles , comme l'on a vû à l'expérience précédente, & comme l'on voit ici en FG, lesquels sont pareillement colorés tout ainsi que les trois points blancs & lumineux & dans le même ordre.

PLANCHE IV.

Figure I.

Cette figure représente la sixiéme expérience faite au Soleil.

A B C, la coupe du prisme.

A C, la face inférieure & refringente du prisme.

D E, le Soleil.

F, son centre.

D C, les rayons de la partie supérieure du Soleil, qui se portent à la partie inférieure dn prisme.

E A, les rayons de la partie inférieure, qui se croisent avec les précédents.

F G, & F B, les rayons qui se reflechissent de la surface superieure du prisme.

H, I, l'endroit où ils se reflechissent, & où ils forment le violet, lorsqu'ils rencontrent le rayon bleu.

B, I, L, C, le faisceau de rayon qui sort du prisme, & qui représente les couleurs sur l'image oblong de la muraille.

H M, la muraille.

Observation sur cette Figure.

D C, rayon qui donne le rouge par l'opposition de l'ombre sur la lumiere.

E A, rayon qui donne le bleu par l'opposition de la lumiere sur l'ombre.

C L, refraction du rayon CD, qui continue de donner le rouge, par l'opposition pareille à celle qui se fait en D F.

AI, refraction du rayon EA; qui continue de donner le bleu, par l'opposition égale à celle de FE.

Figure II.

Cette figure est pour les observations de la sixiéme expérience.

ABC, le prisme.

DC, & EA, les pareils rayons du Soleil, comme à la figure ci-dessus.

AO, & CP, leur refraction à la plus grande distance, où les objets sont renversés.

L, l'objet renversé entre les rayons O & P sur l'image lumineuse.

M, o, p, N, la distance où l'objet disparoît.

m, o, p, n, la plus proche distance, où l'objet se trouve droit.

T, l'objet posé sur le prisme entre A & C, sur la face refringente inférieure.

Observation sur cette Figure.

DC, le rayon du Soleil qui porte le rouge.

Cpp, la refraction qui porte la même couleur.

Pp, le renversement où ce rayon donne le bleu sur l'image.

EA, le rayon du Soleil qui porte le bleu.

A, *o o* la refraction de ce rayon, qui continue la même couleur.

o O, le renverfement de ce rayon, qui donne le rouge au lieu du bleu, ce qui prouve fort clairement que le même rayon non-feulement fe renverfe à fon foyer par le prifme, mais qu'il change encore de couleur lorfqu'il eft différemment oppofé, comme en o O, & en P p.

Figure III.

Sur les mêmes expériences, que l'on regarde les couleurs de l'image lumineufe avec un autre prifme, comme Q R S par la face fupérieure R S.

P n, le rayon qui part du bleu de l'image lumineufe.

O N, celui qui part du rouge de cet image.

r x, & t x, leurs refractions qui donne une autre couleur.

xs, xu, le renverfement des rayons qui redonnent au fond de la Retine la même couleur que celle de l'image.

Z, l'œil.

x, l'iris.

s u, la retine.

Si l'on regardoit avec la face inférieure; comme j'ai dit dans mon obfervation, on verroit au point O de la feconde figure, le rouge au lieu du bleu, & au point P, le bleu au lieu du rouge.

J'ai obfervé que les rayons qui arrivent à la furface du prifme, colorés ou non, ils perdent leurs couleurs, fi elles font contraires à celles de la derniere inflexion.

PLANCHE V.

Figure I.

Cette figure repréfente les quatre points lumineux, qui portent chacun les trois couleurs fecondaires, dont les rayons fe croifent & fe renverfent en tout fens par différent degré de refrangibilité, fans jamais changer leur couleur, comme il eft dit dans ma feptiéme expérience.

A B C, D E F, le prifme.

A B D E, la face refringente & inférieure, par où paffent les rayons, & où on a colé un gros papier, qui a quatre petites ouvertures, pour le paffage des rayons.

G, le trou fupérieur.

H, celui qui eft plus bas.

I, le fuivant.

L; le plus proche de l'angle refringent.

g, h, les quatres petites images lumi-
neuses, qui donnent en particulier leurs
couleurs dans la même position de l'arrangement des trous.

l, i, h, g, les images renverfées qui
confervent toujours les mêmes couleurs.

Figure I I.

Cette figure repréfente de la façon que
les rayons d'ombre & de lumiere s'oppo-
fent les uns aux autres, & comme ils
paffent au travers du prifme & au travers
de l'Iris, des Humeurs aqueufes & du
Criftalin pour fe peindre fur notre Retine.

A B C, le prifme.

D A, un rayon de lumiere qui couvre
un rayon ténébreux.

E C, un autre rayon de lumiére qui
eft couvert d'un rayon ténébreux.

d, e, la bande de Carton pofée fur la
vitre, qui eft couverte par les rayons de
lumiere à la partie fupérieure, & couvre
enfuite la lumiere par fa partie inférieure.

C F, A G, l'arrangement oppofé qui fe
peint fur l'iris.

L, l'arrangement des rayon qui fe
fait fur la Retine contraire à celui de l'Iris,
& qui donne pour lors les mêmes cou-

leurs qui se trouvent en E C & L,
celui qui se trouvent en D A, quoique les rayons soient différens, ce qui
est conforme à mon syftême.

M N, l'endroit où nous paroît l'objet,
lorsque nous regardons par la face refringente inférieure.

N C, le rayon que notre imagination
suppose droit.

Les rayons pointillés dans cette figure
représentent les rayons de lumiere & les
autres les rayons ténébreux.

Figure III.

Elle représente l'anatomie d'un grand
œil, où les humeurs font marquées deffus.

A a, le renverfement du rayon supérieur.

C c, le renverfement du rayon inférieur.

B b, le rayon médiat qui est reçu par
la Retine tel qu'il nous est envoyé de
l'objet, c'est la raifon pourquoi le milieu de toutes les images lumineufes du
prifme font de même couleur, de telle
façon que les faces du prifme reçoivent
les rayons.

APPROBATION.

Lû ce 2. Décembre 1749.
CLAIRAUT.

Vû l'Approbation, permis d'imprimer.
A Paris, ce 23. Décembre 1749.
Signé, BERRYER.

Regiſtré ſur le Livre de la Communauté des Libraires & Imprimeurs de Paris, N°. 3366. conformément au Réglement, & notamment à l'Arrêt du Conſeil du 10. Juillet 1745. A Paris ce 5. Janvier 1750.
LE GRAS, Syndic.

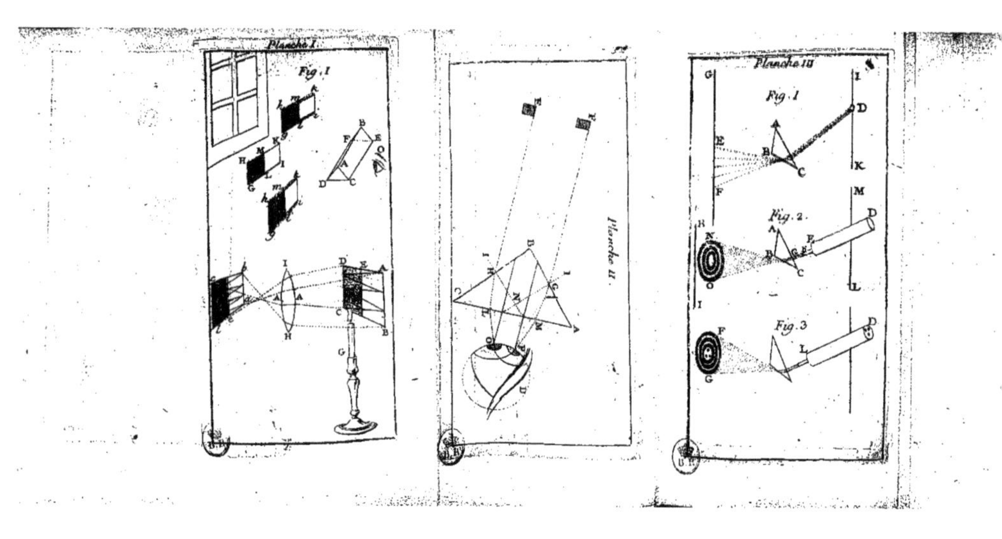

Planche I.
Fig. 1
Planche II.
Planche III.
Fig. 1
Fig. 2
Fig. 3